Naveenchandra N. Srivastava
Vasaram H. Patel

Proponowanie środków rozwcju gospodarczego

Naveenchandra N. Srivastava
Vasaram H. Patel

Proponowanie środków rozwoju gospodarczego

dla Vatrak Sub-watershed

Wydawnictwo Bezkresy Wiedzy

Imprint
Any brand names and product names mentioned in this book are subject to trademark, brand or patent protection and are trademarks or registered trademarks of their respective holders. The use of brand names, product names, common names, trade names, product descriptions etc. even without a particular marking in this work is in no way to be construed to mean that such names may be regarded as unrestricted in respect of trademark and brand protection legislation and could thus be used by anyone.

Cover image: www.ingimage.com

Publisher:
Wydawnictwo Bezkresy Wiedzy
is a trademark of
International Book Market Service Ltd., member of OmniScriptum Publishing Group
17 Meldrum Street, Beau Bassin 71504, Mauritius

Printed at: see last page
ISBN: 978-620-2-44662-4

Proponowanie środków rozwoju gospodarczego

Zawartość

Wstęp

Książka opisuje zmienność lokalnych parametrów środowiskowych, tj. opadów i wód gruntowych oraz wielkość obszaru rolnictwa w odniesieniu do podwodopoju Vatrak. Vatrak, dopływ rzeki Sabarmati, to rzeka deszczowa. Przepływa w okresie monsunu SW. Północna część obszaru badań jest podwyższona. Dolina rzeki jest szeroka. Tutaj wizualizacja danych została wykonana z wykorzystaniem technologii geoprzestrzennej. NDVI (Normalizowany wskaźnik zróżnicowania roślinności) wykorzystano do oszacowania powierzchni użytków rolnych. Wnioski wyciągnięto, wykorzystując wyniki wizualizacji danych środowiskowych w oparciu o dane geinformatyczne 2-D (dwuwymiarowe), 3-D (trójwymiarowe) i 4-D (czterowymiarowe). Znaczna część społeczeństwa w badanej dziedzinie zależy od rolnictwa i hodowli bydła mlecznego. Na przestrzeni lat znacznie wzrosła konkurencja o wodę pomiędzy rolnictwem, przemysłem i gospodarką domową. W ramach oceny wielokryterialnej zidentyfikowano potencjalne miejsca, w których można zbierać wodę. Działania na rzecz rozwoju gospodarczego obszaru badawczego zostały zasugerowane na podstawie wizualizacji obszaru badawczego.

Rozdział 1 zawiera podstawowe informacje o rzece Vatrak i podmokłym Vatrak. Opisuje również gospodarkę, topografię, drenaż, klimat i fizjografię badanego obszaru.

W rozdziale 2 przedstawiono charakterystykę podwodną Vatrak, tj. kształt, powierzchnię, kierunek przepływu, kierunek nachylenia, schemat odwadniania, zasięg przestrzenny i rozmieszczenie stacji pomiarowych.

Rozdział 3 i rozdział 4 zawierają szczegółowe informacje na temat lokalizacji odwiertów obserwacyjnych wód podziemnych i charakterystyki podwodnej Vatrak.

W rozdziale 5 wymieniono różne komponenty bazy danych.

W rozdziale 6 skoncentrowano się na metodyce obecnej pracy.

W rozdziale 7 omówiono wizualizację i analizę parametrów środowiskowych w oparciu o dane geinformatyczne 2-D, 3-D i 4-D w celu oszacowania czasowej zmienności objętości GeoVolume (objętości nasyconej wodą).

W rozdziale 8 przedstawiono ocenę wielo-kryterialną podlewania w Vatraku. Przeprowadzono ją w celu identyfikacji potencjalnych miejsc, w których mogą znajdować się obiekty służące do zbierania wody.

W rozdziale 9 omówiono liczbę potencjalnych miejsc, w których mogą znajdować się obiekty służące do pozyskiwania wody, tj. zapora kontrolna, korek nala, bori bund itp.

W rozdziale 10 przedstawiono wnioski wyciągnięte z opartej na danych geinformatycznych kompleksowej wizualizacji danych środowiskowych dotyczących zlewni Vatrak.

Rozdział 11 składa się z proponowanych działań na rzecz rozwoju gospodarczego badanego obszaru.

Rozdział 12 przedstawia streszczenie niniejszej pracy.

Rozdział 13 opisuje przyszły zakres obecnej pracy.

Słowo kluczowe: Rolnictwo, NDVI, środowisko, działka wodna, działka podwodna, Struktura poboru wody, GIS, GeoVolume, Obszar nasycony wodą, wody gruntowe, Landuse, pokrycie terenu, mapa, opady deszczu, Zasoby wodne, zarządzanie, wizualizacja, dane, ogrodzenie gospodarstwa, Zasoby naturalne, Ocena według wielu kryteriów, MCE, Sabarkantha, technologia geoprzestrzenna, Gospodarka, Vatrak, Gujarat, Geo-informatyka, Teledetekcja, Obraz satelitarny, Indie, Spatio-temporal, drenaż, szeroka dolina rzeczna, topografia, zbiorniki wodne, stacje pomiaru deszczu, roślinność, poziom wody przedmonsolowej, poziom wody pomonsolowej, 2-D (dwuwymiarowy), 3-D (trójwymiarowy), 4-D (czterowymiarowy), rolnicy, wieś

1. Wprowadzenie

Rzeka Vatrak pochodzi z dystryktu Dungarpur w Radżastanie (http://www.indianetzone.com/4/sabarmati_river.htm). Łączna powierzchnia podmokłych wód w Vatraku wynosi 578,38 km2. Obszar studiów mieści się w dzielnicy Sabarkantha (Gujarat, Indie). Siedziba administracyjna dzielnicy Sabarkantha znajduje się w Himmatnagar, około 80 km od Ahmedabadu. Okręg Sabarkantha jest ograniczony przez stan Radżastan do okręgów: północno-wschodniego, Banaskantha i Mehsana na zachodzie, Gandhinagar i Kheda na południu oraz Panchmahal na wschodzie.

Vatrak to rzeka nawadniana i dopływ rzeki Sabarmati. Ze względu na dość niski poziom opadów deszczu, dorzecze rzeki Sabarmati ma jeden z najniższych potencjałów bogactwa wodnego w Indiach. Basen jest bardzo eksploatowany pod względem zasobów wodnych. Obszar badań znajduje się w gorącym i półsuchym rejonie północnego Gujaratu (Rys. 1, strona nr 21). Topograficznie obszar dzielnicy Sabarkantha jest pofałdowany. Pod względem geologicznym obszar ten obejmuje różne typy formacji skalnych, takie jak bazalt, aluwium, kwarcyt, filit, schist, piaskowiec itp.

Rzeka Vatrak wchodzi do dzielnicy Sabarkantha w pobliżu wsi Moyedi of Meghraj taluka i biegnie w południowo-zachodnim kierunku dzielnicy. Łączy go labirynt rzeczny i inne strumienie. Po przejechaniu 243 km wpada do Sabarmati koło Dholki (dzielnica Ahmedabad). Przed wjazdem do dzielnicy, w Radżastanie pokonuje dystans około 29 km. Jego całkowita długość w powiecie wynosi około 84 km.

1.1 Gospodarka obszaru badawczego

Obszar studiów to przede wszystkim obszar rolniczy. Dominujące uprawy to bawełna i pszenica. Inne główne uprawiane rośliny to ziemniaki, kukurydza, nasiona oleiste itp. Ponieważ monsun nadal jest nieregularny, gospodarka wodna wymaga większej uwagi. Niedobór siły roboczej jest poważnym problemem. Ma to wpływ na rozwój rolnictwa. Większość gruntów rolnych na obszarze działu wodnego jest nawadniana. Poza rolnictwem najważniejszą działalnością gospodarczą jest produkcja mleka i nabiału. Hailstormy, ataki szkodników, powodzie, przeciągi itp. to inne czynniki wpływające na gospodarkę (Dystrykt Sabarkantha, 2016-17). Boksyt, piasek krzemionkowy i glina produkowane są w dużych ilościach. W związku z tym otworzyły się nowe drogi dla przemysłu ceramicznego, cegieł szlachetnych, płytek i szkła. Sektor chemiczny, przetwórstwo spożywcze, przemysł drzewny i przemysł płytek ceramicznych to małe sektory przemysłu. Dla lokalnych systemów finansowych są to ważne filary wspierające (Economy of Sabarkantha District, 2008). Główne produkty leśne to miód, liście Tendu, liście Khakhara, nasiona i kwiaty Mahuwa, nasiona Neem, bambus, nasiona puharu, leki ziołowe itp. (Krótki profil przemysłowy okręgu Sabarkantha, bez daty).

1.2 Topografia

Obszar badań charakteryzuje się szeroką doliną rzeczną (Rys. 2, strona nr 22) oraz podwyższonym obszarem w części północnej (Rys. 3, strona nr 23). Jest to krajobraz mieszany. Część północno-wschodnia obszaru badawczego to wzgórza, natomiast część południowo-zachodnia jest stosunkowo gładka. Minimalny punkt wysokości w badanym obszarze wynosi 23 m. Maksymalny punkt wysokości wynosi 200 m. Obszar lewego brzegu rzeki jest stosunkowo mniej stromy. Topografia jest bardziej pofalowana na prawym brzegu. Na zaporze w Vatrak, dolina rzeki rozszerza się w górę rzeki.

1.3 Odprowadzanie ścieków

Obszar jest osuszany przez południowo-zachodnią rzekę Vatrak i jej dopływy (Rys. 4, strona nr 24). Przepływ potoku w tych regionach jest w większości ograniczony do pory deszczowej. Strumienie to małe i średnie strumienie. Całkowita długość rzeki Vatrak w podmokłym kąpielisku wynosi 43 km.

1.4 Klimat

Klimat charakteryzuje się ogólną suchością z wyjątkiem południowo-zachodniej pory monsunowej i gorącego lata. Obszar badań ma subtropikalny klimat monsunowy z trzema porami roku, monsun (kharif, od końca czerwca do października), chłodniejszy Rabi (od listopada do lutego), który jest suchy i gorący sezon letni (od marca do połowy czerwca). Opady deszczu występują w miesiącach monsunowych. Obszar badawczy otrzymuje znaczną część opadów deszczu z południowo-zachodniego monsunu. Jego maksymalna intensywność przypada na lipiec i sierpień. Szybkość parowania jest najwyższa w okresie od kwietnia do czerwca ze względu na gwałtowny wzrost temperatury i wzrost prędkości wiatru. Wiatry są zazwyczaj lekkie do umiarkowanych, zwiększając intensywność w późnym okresie letnim i monsunowym.

Temperatura - po lutym następuje stały wzrost temperatury. Maj i początek czerwca to najgorętsza część roku. Pogoda jest bardzo gorąca i uciążliwa w późniejszej części sezonu letniego, a palący wiatr z ładunkiem kurzu, który jest powszechną cechą wielu dni, sprawia, że pogoda jest bardzo niewygodna. Popołudniowe burze z piorunami, które zdarzają się w niektóre dni, przynoszą mile widzianą ulgę w upale, choć tylko tymczasowo. Wraz z nadejściem monsunu, około połowy czerwca, następuje znaczny spadek temperatury w ciągu dnia, ale noc jest nadal ciepła prawie tak samo ciepła jak w późniejszej części sezonu letniego. Około końca września monsun wycofuje się z okręgu, temperatura dzienna zaczyna wzrastać, a w październiku osiągane jest wtórne maksimum w temperaturze dziennej. Jednak noce stają się coraz chłodniejsze. Styczeń jest najzimniejszym miesiącem. W związku z przejściem przez północne Indie zachodnich zakłóceń w porze zimna, obszar badawczy jest dotknięty zimnymi falami (District Gazetteer, Sabarkantha).

Wilgotność - Z wyjątkiem pory monsunowej południowo-zachodniej, kiedy wilgotność względna jest ogólnie wysoka, powietrze jest suche. Sezon letni jest najsuchszą częścią roku, kiedy wilgotność względna w godzinach popołudniowych jest rzędu 20 procent.

1.5 Fizjografia

Fizjograficznie obszar badań można podzielić na dwie strefy, tj. stosunkowo podwyższoną część NE i równiny. Równiny są ograniczone w kierunku SW (Rys. 3, strona nr 23).

2. Cechy charakterystyczne dla podwodnego systemu odprowadzania wody w Vatrak

Podwodny nr 5F2C2 (zgodnie z etapami wytyczającymi podanymi w Atlasie wododziałowym Indii, All India Soil and Landuse Survey, Dept. of Agriculture and Cooperation, Ministry of Agriculture, Government of India, New Delhi, wrzesień 1960 r.).

Kształt - paproć

Powierzchnia - 578,38 km2 .

Kierunek nachylenia - SW (Rys. 3, strona nr 23)

Kierunek przepływu - SW (Rys. 4, strona nr 24)

Schemat odwadniania - Dendritic (Rys.4, strona nr 24)

Dolina rzeki - szeroka (Rys. 2, strona nr 22)

Zasięg przestrzenny - 184 miejscowości, 7 Talukas

Rozmieszczenie stacji pomiarowych (w i wokół podmokłych):

Do pomiaru opadów deszczu - Siedem stacji pomiarowych (Rys. 5, strona nr 25)

Nazwy miejscowości: Betawada, Ambaliyara, Vadagam, Bayad, Bhempoda (tama Vatrak), Modasa, Volva (zapora Mazam)

3. Lokalizacja studni obserwacyjnych wód podziemnych

Łącznie na badanym obszarze znajduje się 14 studni obserwacyjnych wód podziemnych. Są one rozrzucone po całym obszarze badań (Rys. 6, strona nr 26). Na lewym brzegu rzeki znajdują się dwa odwierty. Pozostałe odwierty znajdują się w obszarze odnoszącym się do prawego brzegu rzeki.

4. Projekt Zasoby wodne Vatrak

Szczegóły dotyczące projektu zasobów wodnych Vatrak znajdują się na stronie internetowej https://goo.gl/AjhiXS (dostęp uzyskano 7 czerwca 2017 r.).

5. Komponent bazy danych

W ramach badania projektu zbadano następujące rodzaje danych:

Dane dotyczące środowiska

-Odprowadzanie ścieków

-Korpusy wodne

-Opady deszczu

-Poziom wód gruntowych

Dane dotyczące zasobów naturalnych

-Landuse i pokrycie ziemskie

6. Metodologia

Metodologia jest podsumowana w schemacie blokowym (Rys. 7, strona nr 27). Polega ona na wizualizacji danych o środowisku i rolnictwie oraz generowaniu obrazów NDVI.

Wizualizacja została wykonana w środowisku GIS. Składa się z wizualizacji 2 D, 3 D i 4 D wyżej wymienionych danych. Wizualizacja zapewnia najbardziej dominujące środki do obsługi informacji geoprzestrzennej dla procesów odkrywania wiedzy.

Na podstawie wizualizacji danych środowiskowych wyciągnięto różne wnioski. Są one wynikiem obecnej pracy.

7. Wizualizacja i analiza parametrów środowiskowych w oparciu o geo-informatykę 2-D (dwuwymiarowa), 3-D (trójwymiarowa) i 4-D (czterowymiarowa).

7.1 Mapowanie przestrzenne i pokrycia terenu/ wizualizacja 2D

Landuse jest ważnym parametrem wpływającym na spływ powierzchniowy. W niniejszym opracowaniu dane satelitarne IRS LISS III z dwóch sezonów (reprezentujących dwa sezony uprawy) są wykorzystywane do generowania kategorii użytkowania gruntów.

Na badanym obszarze zidentyfikowano łącznie 5 liczb klas użytkowania gruntów, tj. rolnictwo, las, nieużytki, zabudowę i zbiorniki wodne (ryc. 8, strona nr 28, tabela 1; strona nr 18). Rolnictwo jest dominującym użytkowaniem gruntów na badanym obszarze (Rys. 9, strona nr 29; tabela 1, strona nr 18). Rolnictwo jest zasilane zarówno deszczem, jak i nawadniane. Proces rozwoju rolnictwa został przyspieszony po integracji państw i posiadłości książęcych w 1948 roku i wdrożeniu "planów pięcioletnich" (Dziennik Okręgowy, Sabarkantha). Uprawa odgrywa istotną rolę w gospodarce badanego obszaru. Z wizyty w terenie wynika, że studnie nadal są ważnym źródłem nawadniania na badanym obszarze. Uprawa roślin uprawnych, takich jak orzechy ziemne, bawełna itp. Głównymi uprawianymi obecnie uprawami są: kukurydza, bajri, pszenica, niełuskany i jowar (kharif) wśród upraw spożywczych oraz orzechy ziemne i bawełna wśród upraw niespożywczych. Uprawy kharifa to bawełna, orzeszki ziemne, bajari, kukurydza i paddy. Uprawa upraw letnich zależy od dostępności wody do nawadniania. Bajra jest główną uprawą letnią. Sezon rabinów (zima) rozpoczyna się zazwyczaj w październiku, a główną uprawą rabi jest pszenica. Inne uprawy rabi to musztarda i gram. Oprócz upraw polowych, rośliny pastewne i warzywa są powszechnie uprawiane. Główne uprawiane rośliny owocowe to mango, banan, papaja, ber itp.

7.2 Opady deszczu

Całkowite roczne opady deszczu w latach 2004-2009 pokazano na rys. 10, strona nr. 30; tabela 2, nr strony. 18. W 2006 r. występują maksymalne opady deszczu. W 2008 r. występują minimalne opady deszczu. Całkowite miesięczne opady deszczu w latach 2004-2009 pokazano na rys. 11 (strona nr 31). Lipiec i Augusty to miesiące maksymalnych opadów deszczu. Podczas gdy czerwiec i październik to miesiące minimalnych opadów deszczu. Lipiec 2007 r. jest miesiącem największych opadów deszczu. W latach 2004-2009 maksymalne opady wyniosły 1688,5 mm w roku 2006, natomiast minimalne opady wyniosły 659,3 mm w roku 2008.

7.3 Wizualizacja 3-D i 4-D w oparciu o geo-informatykę, przedstawiająca czasowe zmiany objętości GeoVolume (objętości nasyconej wodą).

Czasowa zmienność GeoVolume z lat 2004-2009 pokazana jest na rys. 12 a (strona nr 32), rys. 12 b (strona nr 33), rys. 12 c (strona nr 34), rys. 12 d (strona nr 35), rys. 12 e (strona nr 36), rys. 12 f (strona nr 37) i rys. 13 (strona nr 38). Wyniki wskazują na ogólny spadek wolumenu GeoVolume w latach 2004-2009.

7.4 Oszacowanie wartości NDVI w celu poznania zasięgu obszaru rolnictwa

Wskaźnik normalizacji różnic wegetacji (NDVI) wykorzystano do wykazania czasowych zmian w wegetacji. Wartości NDVI zostały sklasyfikowane i obliczono obszar należący do klasy 0,3 - 0,4 i >0,4. Wyniki wskazują, że powierzchnia użytków rolnych po okresie monsunowym jest wysoka w porównaniu z obszarem przed okresem monsunowym. Odnotowuje się wzrost obszaru roślinności przed-monsunowej i popołudniowej z lat 2004 - 2009 {Rys. 14 a (strona nr 39), Rys. 14 b (strona nr 40), Rys. 14 c (strona nr 41), Rys. 14 d (strona nr 42), Rys. 14 e (strona nr 43), Rys. 14 f (strona nr 44), Rys. 14 g (strona nr 45) i Rys. 14 h (strona nr 46)}. Zmiany czasowe NDVI pokazano na Rys. 15 (strona nr 47) i w tabeli 3 (strona nr 19).

8. Wielo-kryterialna ocena podwodowiska w Vatraku w celu identyfikacji potencjalnych lokalizacji struktur poboru wody

Podjęto próbę oceny podwilgociowej pod kątem przydatności budowli służących do pozyskiwania wody na danym terenie. Na podstawie oceny wielokryterialnej opartej na danych geo-informatycznych zidentyfikowano różne odpowiednie miejsca dla różnych struktur poboru wody, tj. tamy kontrolne, korki nala, wiązki boru itp. Znajomość charakterystyki opadów dla danego obszaru jest jednym z warunków wstępnych do zaprojektowania systemu zbierania wody. Przy podejmowaniu decyzji o wyborze potencjalnych odpowiednich lokalizacji dla różnych struktur zbierania wody zastosowano następujące kryteria:

-Opady deszczu w podmokłym obiekcie powinny być mniejsze niż 1000 mm/rok (http://cgwb.gov.in/documents/Manual%20on%20Artificial%20Recharge%20of%20 Ground%20Water.pdf).

-Dno strumienia powinno mieć szerokość od 5 do 15 m.

-Obszar w dole rzeki powinien mieć grunty nadające się do nawadniania pod dobrym nawadnianiem.

-Skała/gleba odsłonięta w obszarze stawu powinna być odpowiednio przepuszczalna.

-Teren może być użytkowany rolniczo.

-Nachylenie powinno być mniejsze niż 15 procent.

-Głębokość do poziomu wody w tym obszarze powinna być większa niż 3 m poniżej.

na poziomie gruntu w okresie popołudniowym.

-Skały miękkie (porowate i przepuszczalne) są bardziej preferowane do zbierania wody.

struktur.

-Twarde skały z połączeniami, nożycami i pęknięciami, przechodzące przez uskoki i linolety

są bardziej preferowane.

-Należy preferować gruboziarnisty typ gleby gliniastej.

-2. i 3. rzędu są preferowane do budowy tam kontrolnych.

-W przypadku budowy strumieni boru i nali preferowane są strumienie pierwszego i drugiego rzędu.

Wtyczka.

9. Identyfikacja miejsc, w których mogą znajdować się potencjalne obiekty służące do pozyskiwania wody.

Łącznie 128 potencjalnych miejsc zapory kontrolnej, 149 potencjalnych miejsc zatyczki nala i 393 miejsc bori bund zostały zidentyfikowane na podstawie MCE (ocena według wielu kryteriów), (Rys. 16, strona nr 48). Zgodnie z MCE, potencjalne lokalizacje są zlokalizowane na strumieniu o niskim natężeniu ruchu. Miejsca są rozmieszczone na całym obszarze podmokłym.

10. Wnioski

Biorąc pod uwagę kompleksową, opartą na danych geinformatycznych wizualizację 2-D, 3-D i 4-D danych środowiskowych dotyczących zlewni Vatrak, wyciągnięto następujące wnioski:

-W latach 2004-2009 obserwuje się ogólny spadek opadów deszczu.

W latach 2004-2009 nastąpił znaczny spadek dostępności wód gruntowych.

-Post-monsoon agriculture area is high compared to pre-monsoonsoon agriculture area. Oba wykazują wzrost w latach 2004-2009.

-W 2006 r. występują najwyższe roczne opady deszczu.

-Rolnictwo jest dominującym zagospodarowaniem terenu.

-Gęstość odwadniania bardziej na północ od głównego potoku rzeki Vatrak, co potwierdza stosunkowo większa erozja terenu w części północnej.

-Groundwater generalnie podąża za topografią. Przepływ podpowierzchniowy jest w kierunku SW.

Maksymalne roczne opady deszczu miały miejsce w 2006 r., natomiast minimalne opady deszczu - w 2008 r.

-Potencjalne struktury zbierania wody Obiekty są rozmieszczone w całym obszarze podmokłym.

- Zwiększenie powierzchni użytków rolnych doprowadzi do zwiększenia konkurencji pomiędzy rolnictwem, użytkowaniem przemysłowym i domowym.

11. Proponowane działania na rzecz rozwoju gospodarczego obszaru badawczego

- Ze względu na wzrost powierzchni użytków rolnych, należy zachęcać do nawadniania za pomocą zraszaczy.
- Aby zwiększyć produkcję i wydajność rolnictwa, należy stosować rolnictwo precyzyjne, mechanizację, skuteczną ochronę przed chorobami i szkodnikami.
- Wraz ze zmniejszającymi się opadami deszczu, poziom wód gruntowych również spada na badanym obszarze. W związku z tym istnieje potrzeba zachęcenia rolników do oszczędzania wody. Można to zrobić wybierając odpowiedni wzór uprawy. Wilgotność gleby musi być zachowana. Pomoże to osiągnąć cel "zwiększenia plonów na kroplę".
- Zwiększenie powierzchni użytków rolnych stwarza większe możliwości uprawy pasz.
- Należy rozbudować zaplecze magazynowe dla produktów rolnych.
- Należy rozszerzyć lokalny rynek rolny wspierany przez magazynowanie. Dla rolników zapewni to skuteczną ochronę cen.
- Należy dołożyć starań na rzecz większego tworzenia kapitału w różnych sektorach, tj. rolnictwo, przetwórstwo mleka i żywności, mechanizacja gospodarstw rolnych, upadek obszarów wiejskich itp.
- Promowanie "budowy muru ochronnego/ogrodzenia gospodarstwa rolnego" dla obszarów rolnych w związku ze zwiększeniem powierzchni gruntów rolnych. Musi to być inicjatywa wspólnotowa z

pobliskimi brzegami lasu/rzeki. Pomoże to zapobiec zagrożeniu ze strony dzikich zwierząt, np. niebieskiego dzwonu, dzikiej świni itp. Zwierzęta te są niebezpieczne dla upraw i sadzonych nasion. Inicjatywa wspólnotowa będzie bardzo efektywna pod względem kosztów. Jest to ważny wymóg dla rozwoju rolnictwa.

12. Streszczenie

W latach 2004-2009 nastąpił znaczny spadek opadów deszczu i wód gruntowych. Na ten sam okres czasu zwiększyło się rozszerzenie działalności rolniczej. Technologia geoprzestrzenna odegrała kluczową rolę w wizualizacji 2-D, 3-D i 4-D oraz analizie danych środowiskowych. Na podstawie niniejszych badań zaproponowano różnorodne działania na rzecz rozwoju gospodarczego, tj. nawadnianie tryskaczowe, rolnictwo precyzyjne, ochrona wilgotności gleby, magazynowanie produktów rolnych, budowa muru ochronnego/ogrodzenia gospodarstwa, tworzenie kapitału, uprawa pasz itp.

13. Przyszły zakres

-Kompilacja i wizualizacja 2-D, 3-D oraz 4-D danych dotyczących zasobów wodnych i innych zasobów naturalnych może być prowadzona przez dłuższy czas w środowisku GIS (czas trwania obecnych prac to lata 2004-2009).

-Obecna praca może być powielana dla innych działów wodnych.

-Z dostępnością większej ilości danych dotyczących wody i zasobów naturalnych, wyniki badań mogą być udoskonalone w celu lepszej geowizualizacji i wyciągania wniosków. Pomoże to również w planowaniu i zarządzaniu zasobami wodnymi zgodnie z wymaganiami agencji użytkowników.

Podziękowania

Autorzy wyrażają wdzięczność ASCI (Administrative Staff College of India), Hyderabad i BISAG (Bhaskaracharya Institute for Space Applications and Geo-informatics), Gandhinagar, Gujarat, Indie za zapewnienie niezbędnego wsparcia w publikacji tej pracy. Finansowanie projektu przez NRDMS (Natural Resources Data

Management System), Department of Science and Technology (Government of India) jest bardzo wdzięczne.

Zastrzeżenie: Mapy przedstawione w niniejszym dokumencie mają charakter wyłącznie orientacyjny. Mapy nie są skalowalne. Zewnętrzne granice na mapach nie są uwierzytelnione. Źródłem danych dla różnych parametrów środowiskowych jest GWRDC (Gujarat Water Resource Development Corporation), Gandhinagar, Gujarat.

Odniesienia

Sabarkantha District, 2016-17 , https://www.nabard.org/demo/auth/writereaddata/tender/2110160622PLP%202016-2017%20Sabarkantha.split-and-merged.pdf

Gospodarka dystryktu Sabarkantha, 2008 r. http://www.indianetzone.com/49/economy_sabarkantha_district.htm

Brief Industrial Profile of Sabarkantha District, no date. http://dcmsme.gov.in/dips/DIP%20SK.pdf

Tabele

Tabela 1: Szczegóły mapy Landuse i Landcover

Nie.	Objętość gruntów i pokrycie gruntów	Powierzchnia (km2)	d) "obszar' oznacza obszar, na którym
1	Rolnicze	423.45	73.21
2	Zbudowany	5.82	1.01
3	Las	77.58	13.41
4	Tereny nieużytkowe	42.48	7.34
5	Zbiorniki wodne	29.05	5.02
Ogółem		578.38	100.00

Tabela 2: Dane dotyczące opadów deszczu za okres 2004 - 2009 r.

Sir. Nie.	Rok	Opady deszczu (mm)
1	2004	878.7
2	2005	1085.9
3	2006	1688.5
4	2007	1267.7
5	2008	659.3
6	2009	729.5

Tabela 3: Czasowa zmienność NDVI

Pre-monsoon (powierzchnia w km2)			Po południu (powierzchnia w km2)	
Rok	NDVI: 0,3-0,4	NDVI: >0,4	NDVI: 0,3-0,4	NDVI: >0,4
2004	2.022912	0.509184	41.43168	4.010112
2005	4.133376	0.251136	119.051712	79.290432
2008	105.5264	32.81824	323.923712	147.733824
2009	79.710848	40.040448	166.643904	369.160512

Dane liczbowe

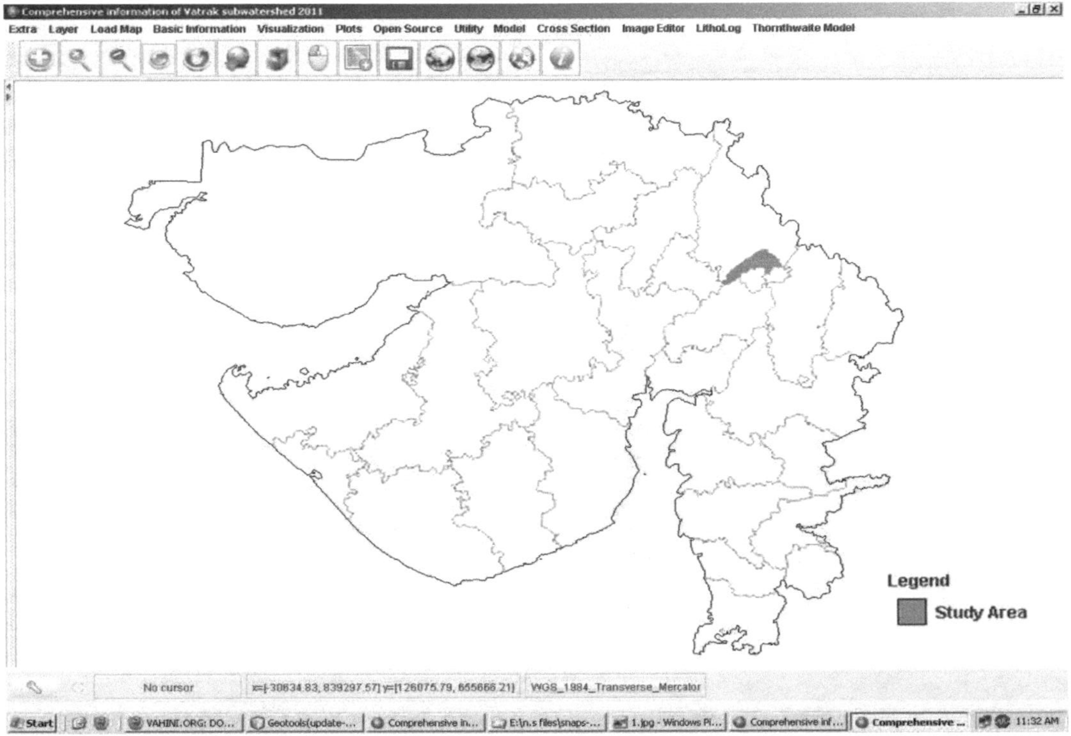

Rys. 1 Mapa lokalizacji obszaru badań (podmokły Vatrak, dystrykt Sabarkantha, Gujarat, Indie)

Rys. 2 Szeroka dolina rzeczna (rzeka Vatrak)

Rys. 3 Topografia obszaru badań

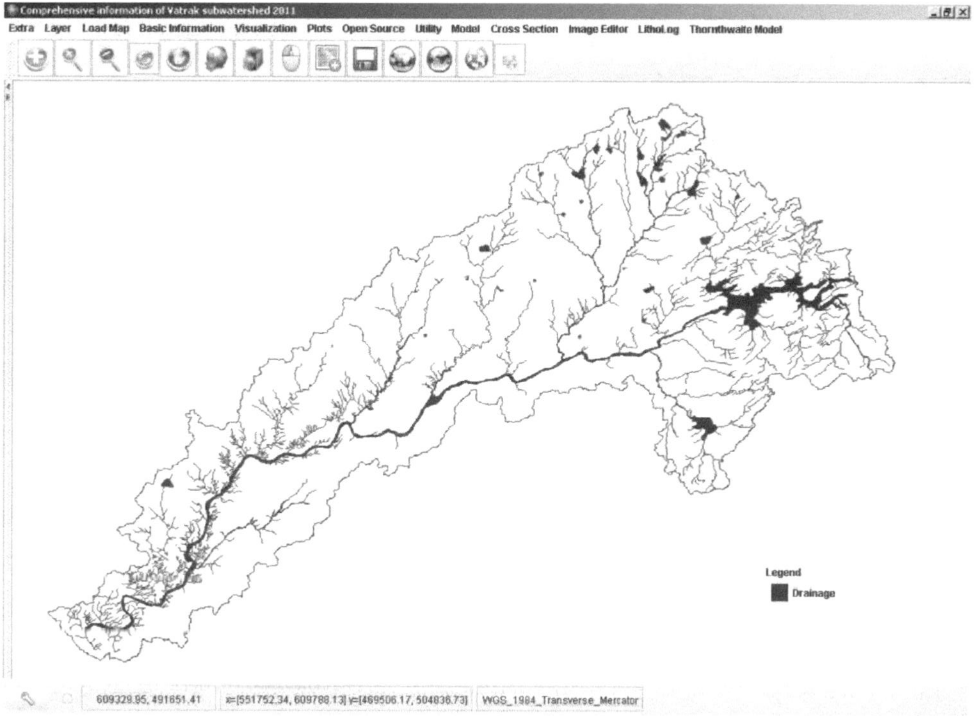

Rys. 4 Mapa drenażu i zbiorników wodnych

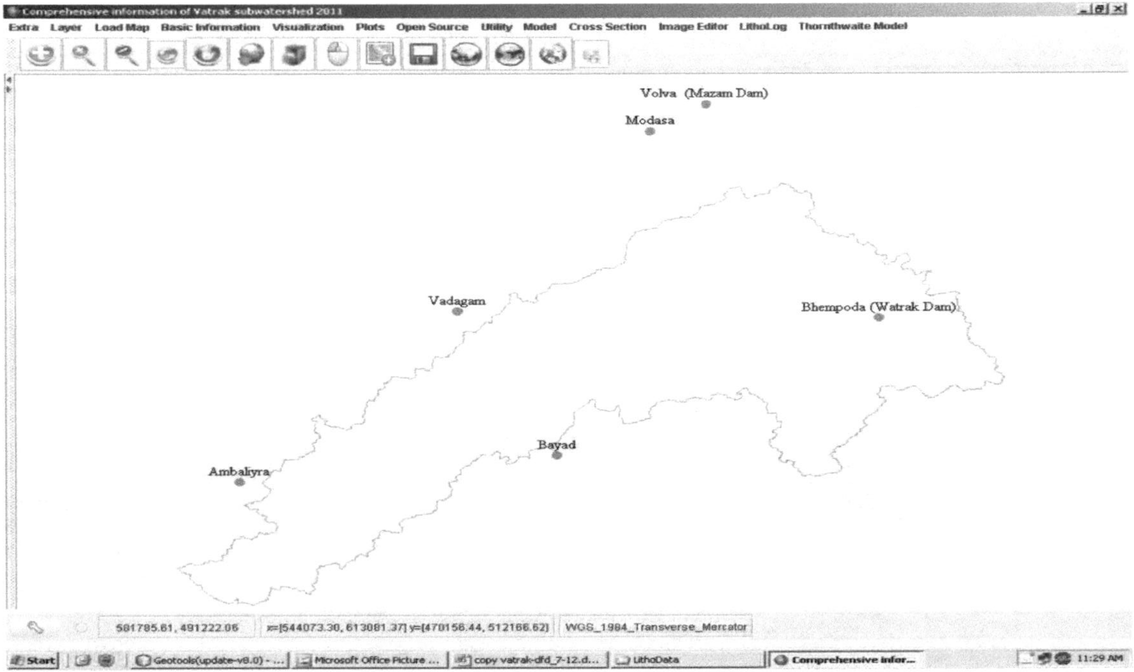

Rys. 5 Lokalizacja stacji do pomiaru opadów deszczu

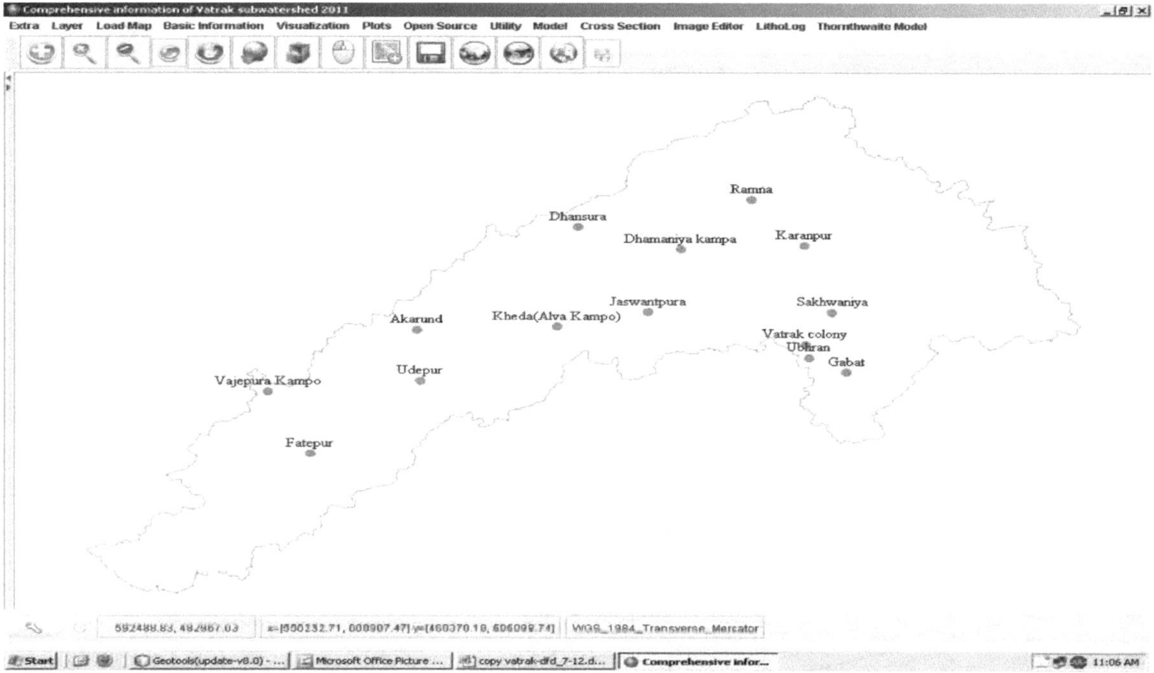

Rys. 6 Lokalizacja studni obserwacyjnych wód podziemnych

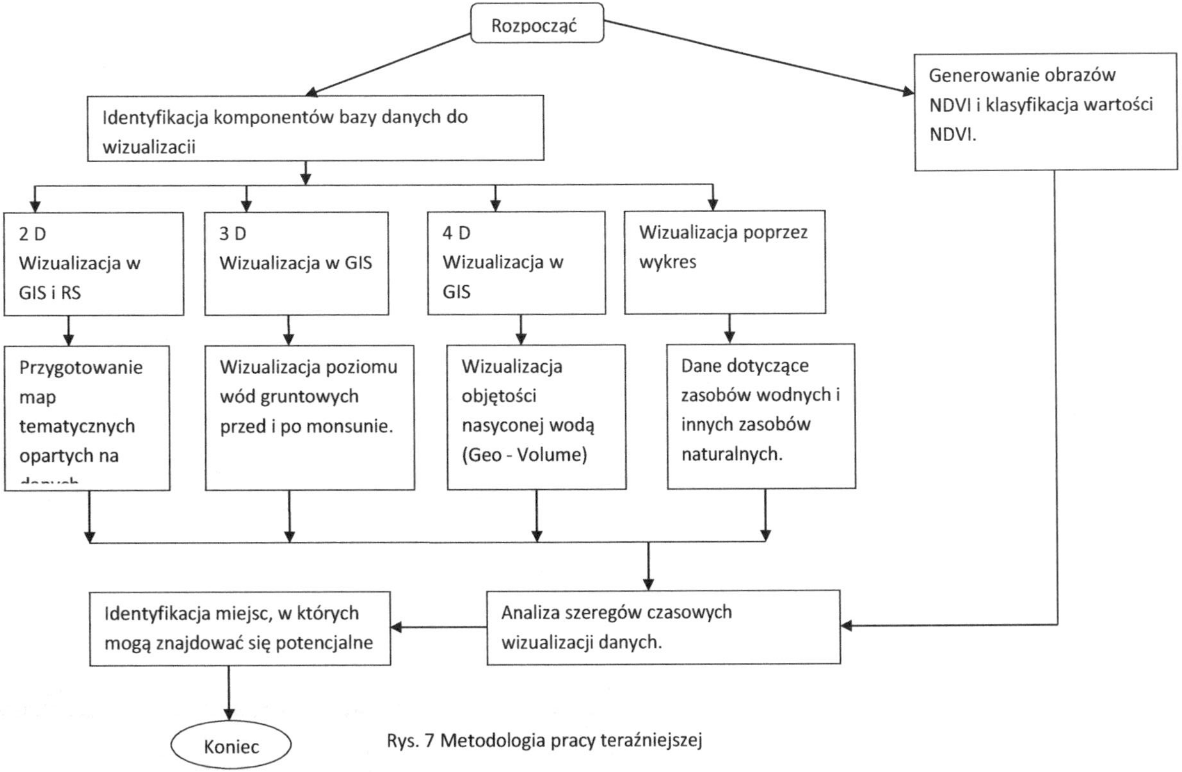

Rys. 7 Metodologia pracy teraźniejszej

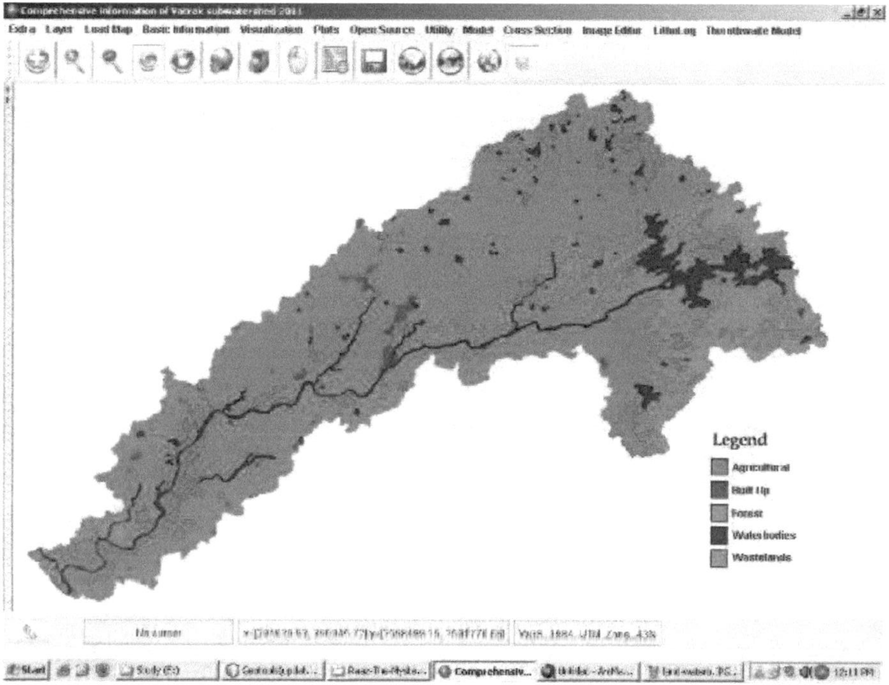

Rys. 8 Mapa Landuse obszaru badań

Rys. 9 Pola uprawne i roślinność na badanym obszarze

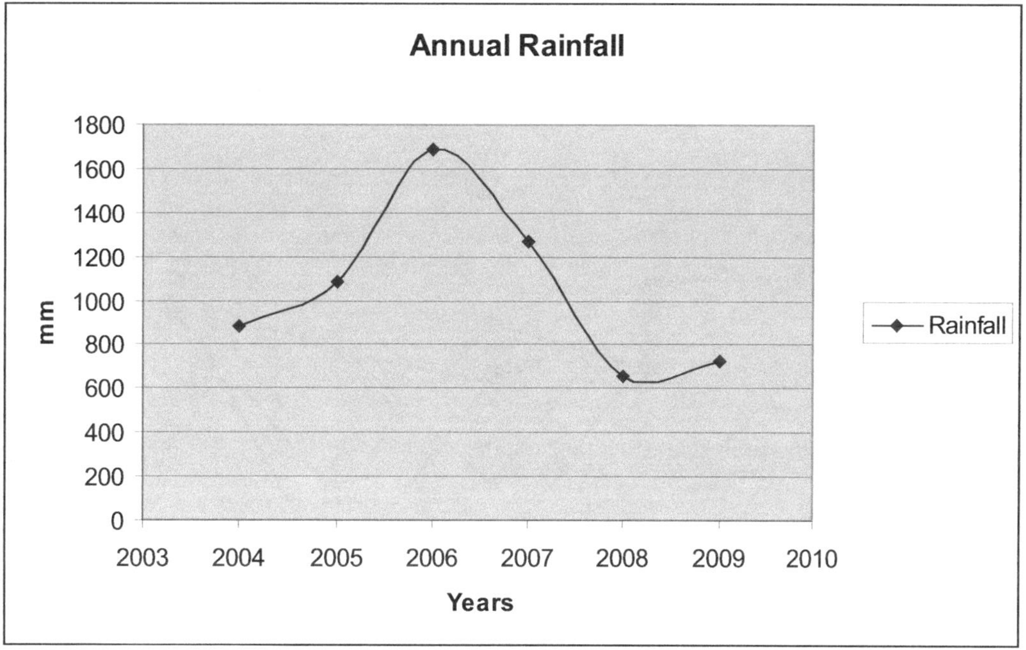

Rys. 10 Łączne roczne opady deszczu

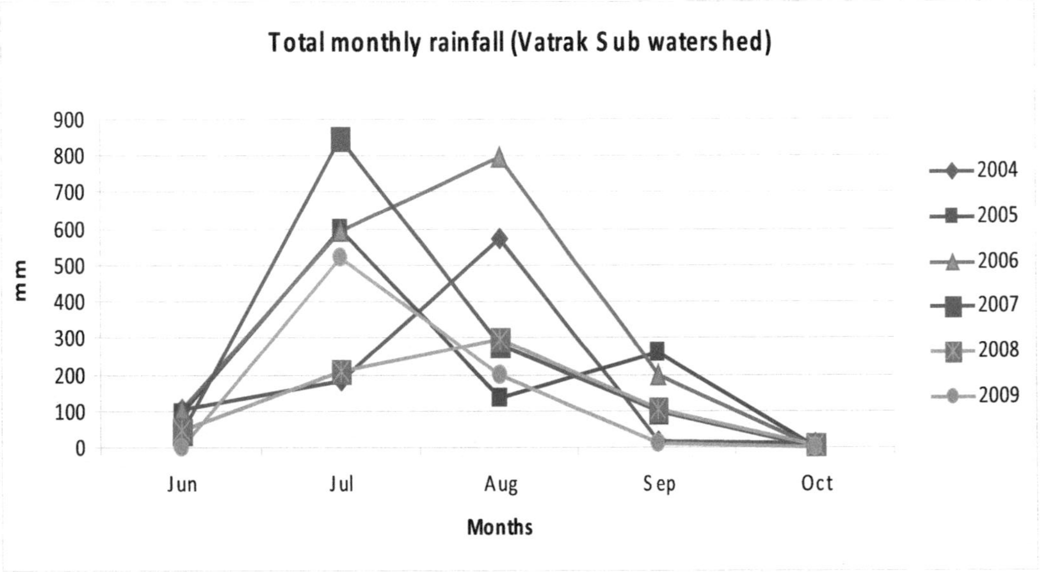

Rys. 11 Całkowita miesięczna suma opadów deszczu

Przed okresem monsunowym - Poziom wód podziemnych po okresie monsunowym

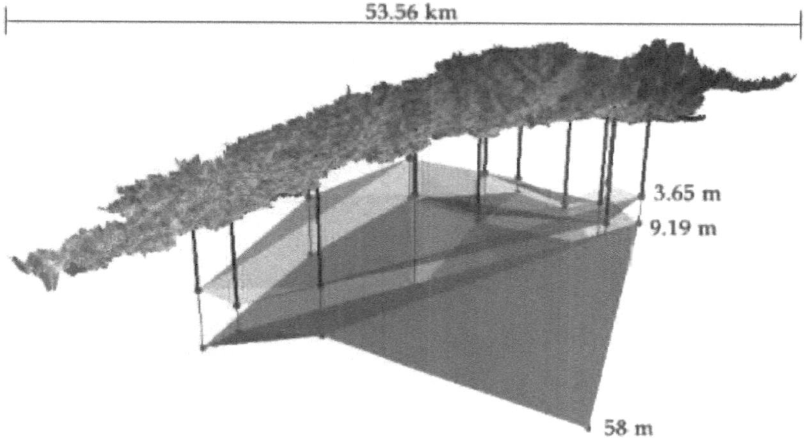

Objętość nasycona wodą

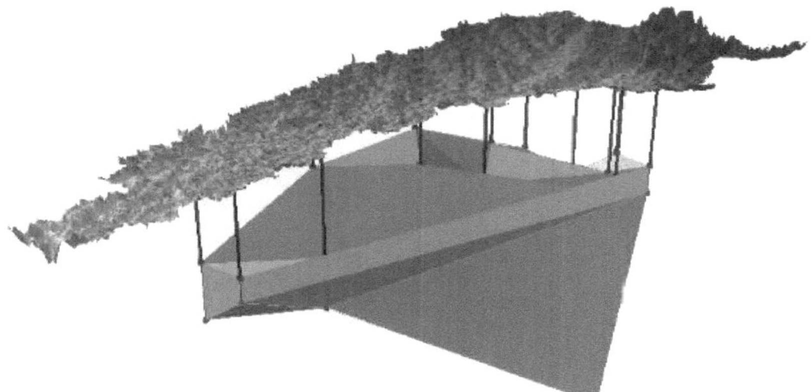

Rys. 12 a. 4 Wizualizacja D poziomu wody przed- i poporodowej / GeoVolume (objętość nasycona wodą) za rok 2004.

Przed okresem monsunowym - Poziom wód podziemnych po okresie monsunowym

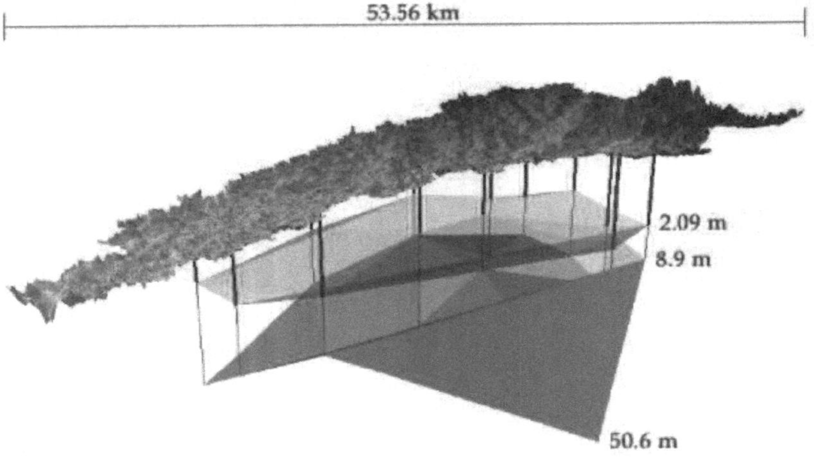

Objętość nasycona wodą

Rys. 12 b. 4 Wizualizacja D poziomu wody przed- i poporodowej / GeoVolume (objętość nasycona wodą) za rok 2005.

Przed okresem monsunowym - Poziom wód podziemrych po okresie monsunowym

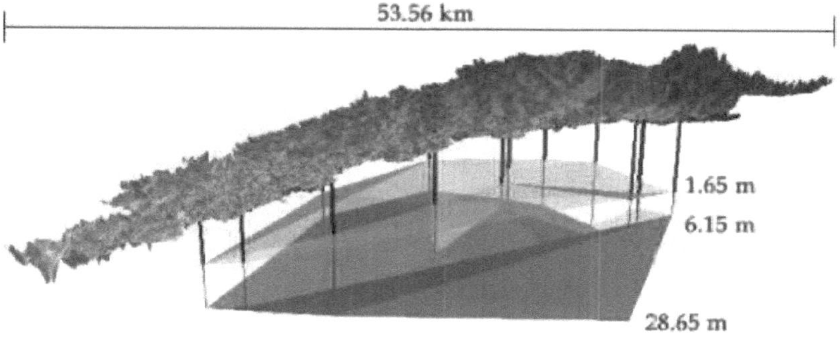

Objętość nasycona wodą

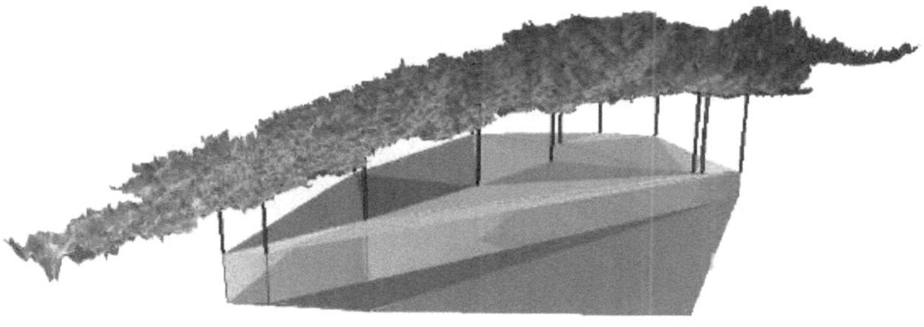

Rys. 12 c. 4 Wizualizacja D poziomu wody przedmonsunowej i poporodowej / GeoVolume (objętość nasycona wodą) za rok 2006.

Przed okresem monsunowym - Poziom wód podziemnych po okresie monsunowym

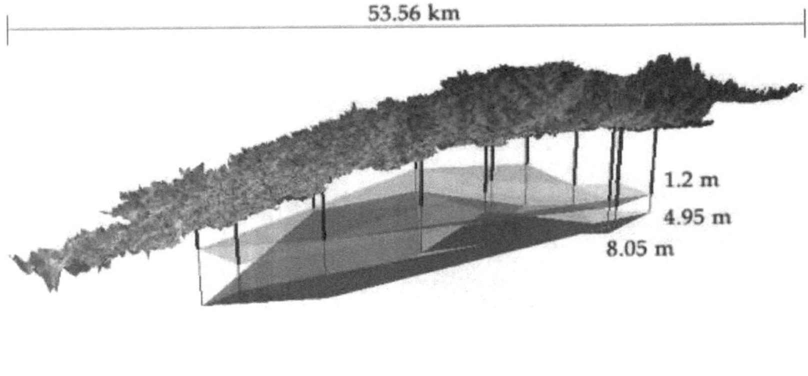

Objętość nasycona wodą

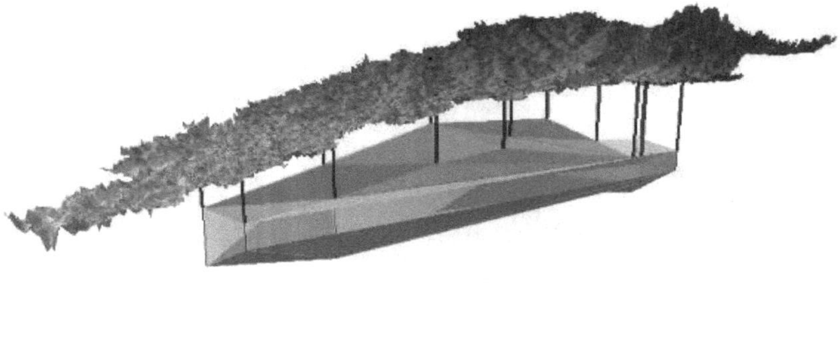

Rys. 12 d. 4 Wizualizacja D poziomu wody przed- i poporodowej / GeoVolume (objętość nasycona wodą) za 2007 r.

Przed okresem monsunowym - Poziom wód podziemrych po okresie monsunowym

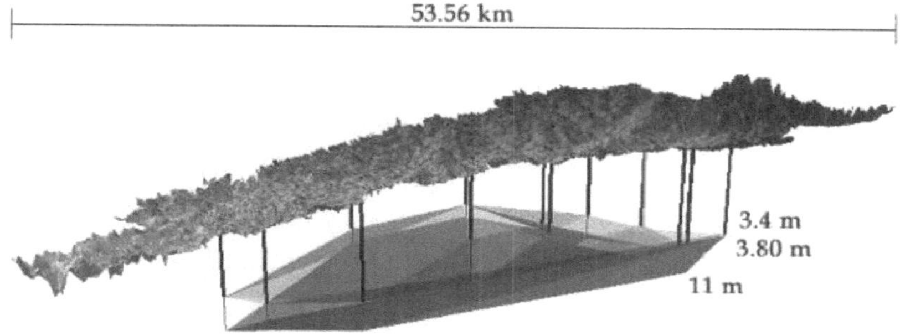

Objętość nasycona wodą

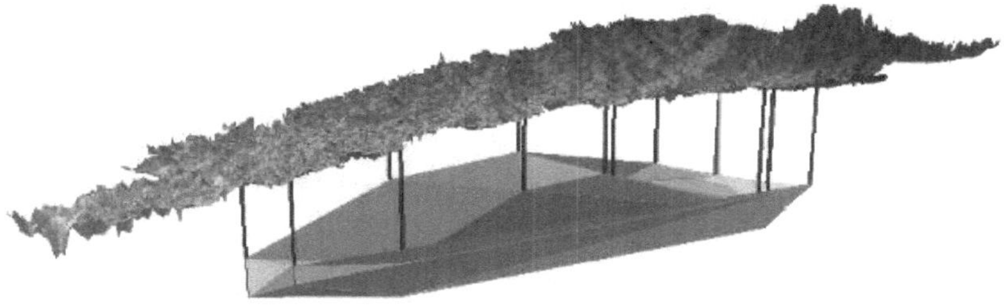

Rys. 12 e. 4 Wizualizacja D poziomu wody przed- i poporodowej / GeoVolume (Objętość nasycona wodą) za rok 2008

Przed okresem monsunowym - Poziom wód podziemnych po okresie monsunowym

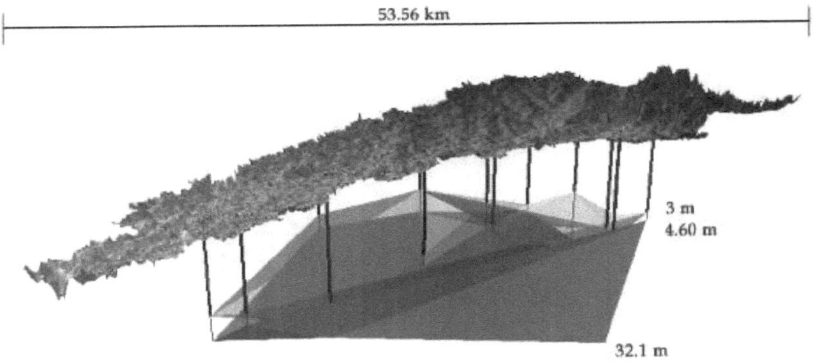

Objętość nasycona wodą

Rys. 12 f. 4 Wizualizacja D poziomu wody przed- i popołudniowej / GeoVolume (Objętość nasycona wodą) za rok 2009

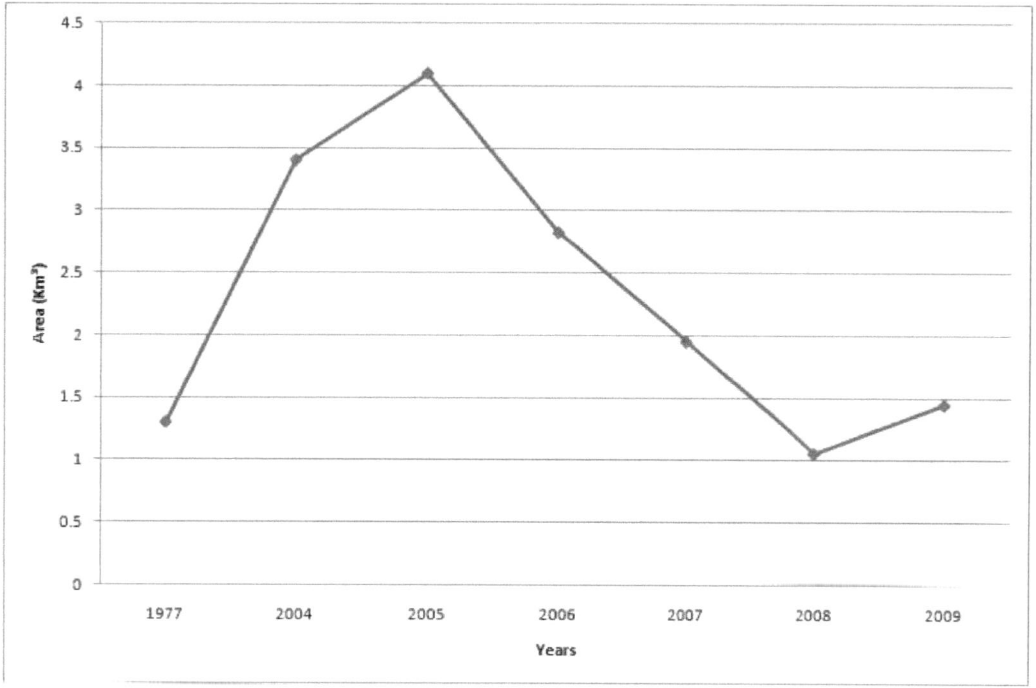

Rys. 13 Czasowa zmienność objętości GeoVolume (objętość nasycona wodą)

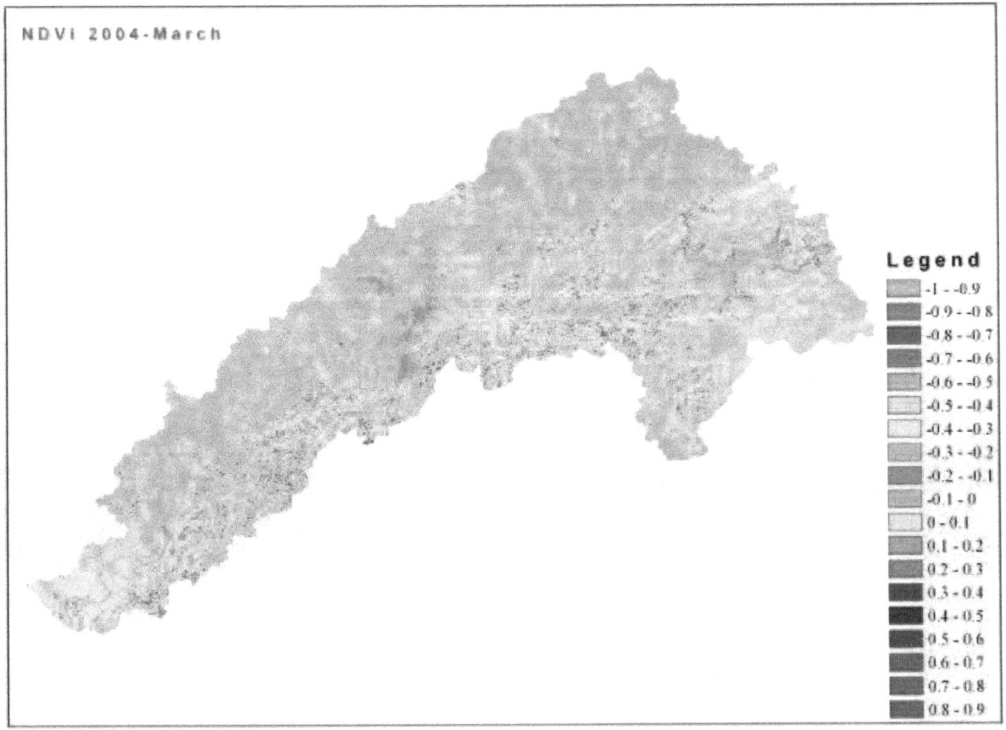

Rys. 14 a. 2-D Wizualizacja zasięgu obszaru rolnictwa z wykorzystaniem wartości NDVI (marzec 2004 r.)

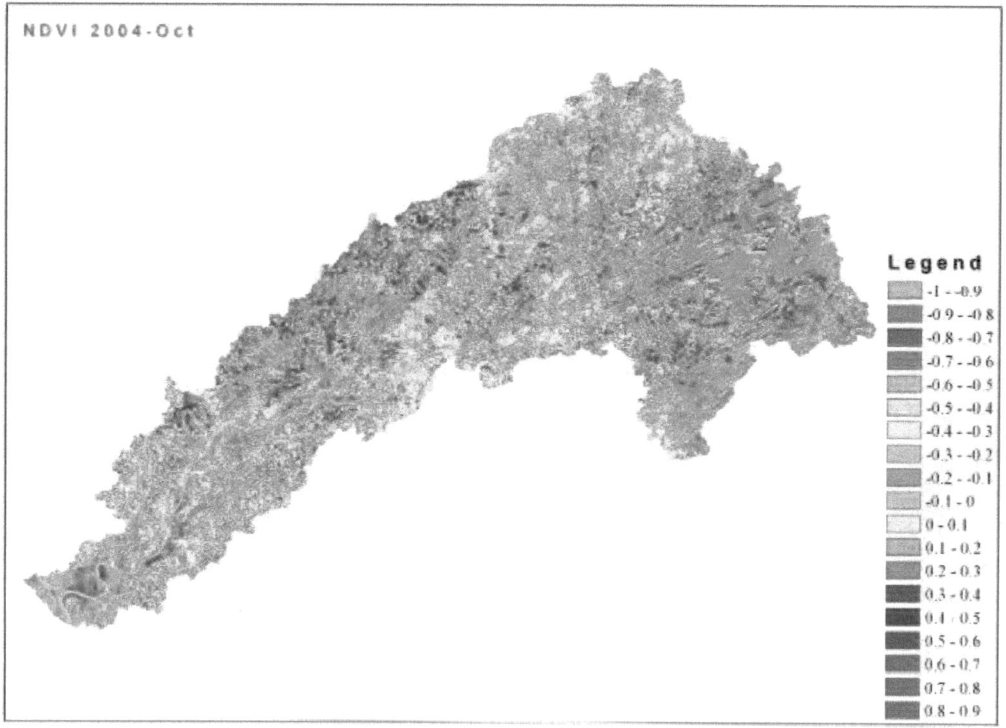

Rys. 14 b. 2-D Wizualizacja zasięgu obszaru rolnictwa z wykorzystaniem wartości NDVI (październik 2004 r.)

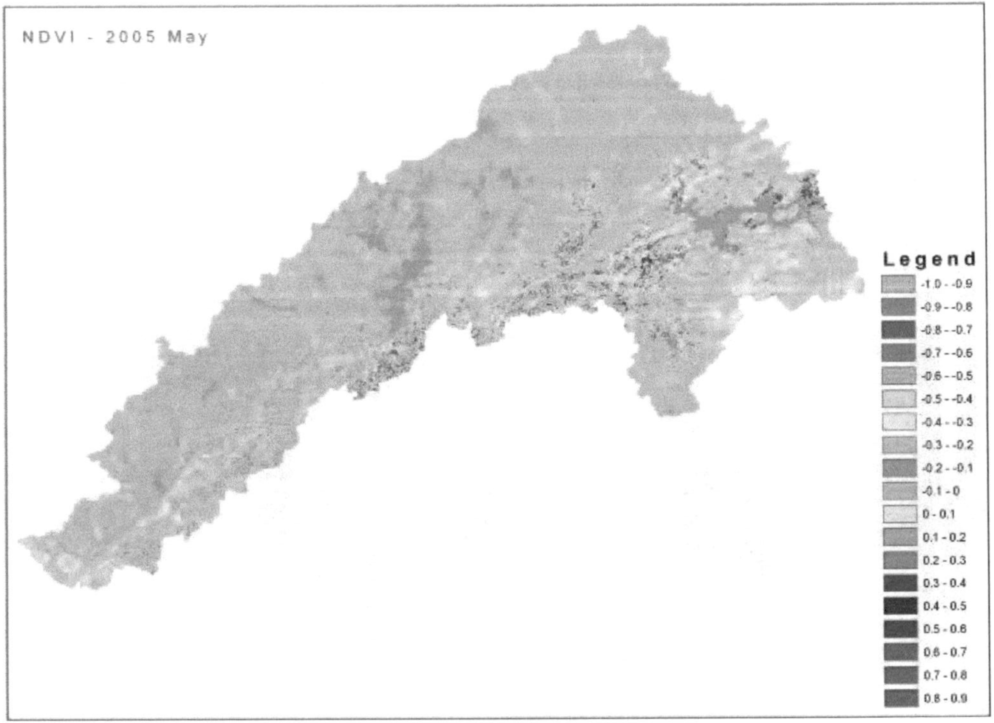

Rys. 14 c. 2-D Wizualizacja zasięgu obszaru rolnictwa z wykorzystaniem wartości NDVI (maj 2005 r.)

Rys. 14 d. 2-D Wizualizacja zasięgu obszaru rolnictwa z wykorzystaniem wartości NDVI (październik 2005 r.)

Rys. 14 e. 2-D Wizualizacja zasięgu obszaru rolnictwa z wykorzystaniem wartości NDVI (październik 2007 r.)

Rys. 14 f. 2-D Wizualizacja zasięgu obszaru rolnictwa z wykorzystaniem wartości NDVI (kwiecień 2008 r.)

Rys. 14 g. 2-D Wizualizacja zasięgu obszaru rolnictwa z wykorzystaniem wartości NDVI (październik 2008 r.)

Rys. 14 h. 2-D Wizualizacja zasięgu obszaru rolnictwa z wykorzystaniem wartości NDVI (maj 2009 r.)

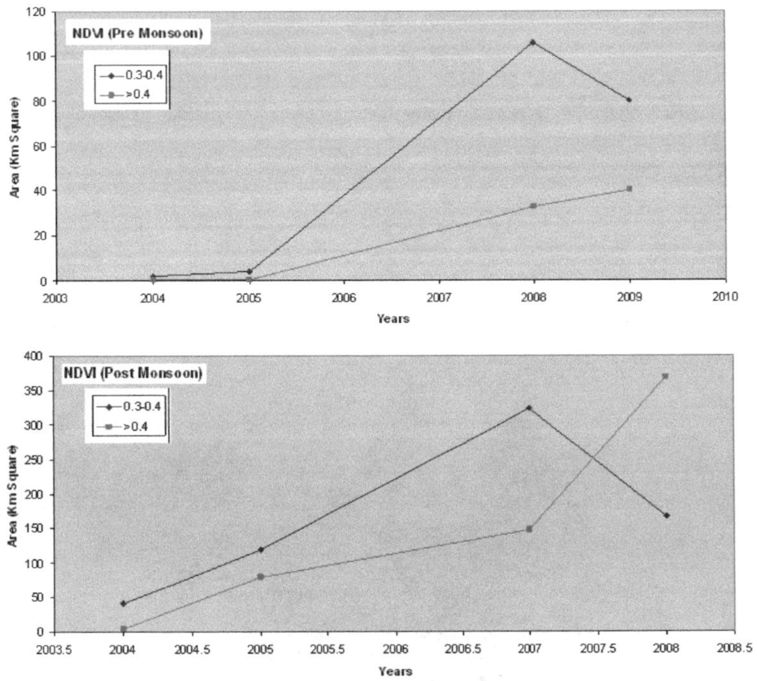

Rys. 15 Czasowe zróżnicowanie wielkości obszaru rolnictwa przy użyciu NDVI

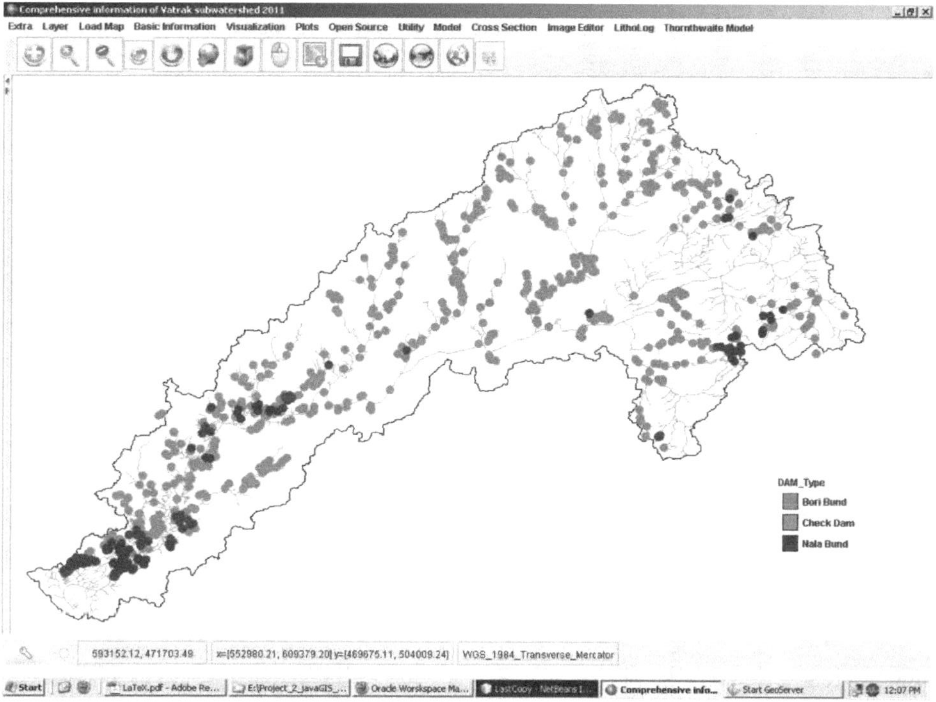

Rys. 16 Lokalizacja miejsc dla potencjalnej struktury zbierania wody/2-D wizualizacja

O autorze: Vasaram H. Patel.

Vasaram H. Patel jest emerytowanym szefem (Networks Div., SAC-ISRO, Ahmedabad, Indie). Był również wykładowcą w BISAG (Bhaskaracharya Institute for Space Applications and Geo-informatics, Gandhinagar, Gujarat, Indie). Jest specjalistą w dziedzinie zarządzania systemami komputerowymi, zarządzania sieciami i aplikacjami kosmicznymi. Udzielał lekcji, konsultacji i wsparcia studentom. Ukończył studia licencjackie na kierunku Elektronika i Inżynieria Komunikacji. (Indyjski Instytut Nauki, Bangalore). Z Vasaram H. Patel można się skontaktować pod adresem vasaramp@yahoo.com.

O autorze: Naveenchandra N. Srivastava

Naveenchandra N. Srivastava pracuje obecnie jako niezależny specjalista w dziedzinie geo-informatyki i środowiska. Wcześniej pełnił funkcję adiunkta w dziedzinie ochrony środowiska w Center for Energy, Environment, Urban Governance and Infrastructure Development of Administrative Staff College of India, Hyderabad. Jest doktorem Geologii Inżynieryjnej z Indyjskiego Instytutu Technologii - Roorkee, M. Tech. in Applied Geology z Indyjskiego Instytutu Technologii - Roorkee i MBA z IGNOU. Zakwalifikował się do testu NET (Joint CSIR-UGC).

Naveenchandra N. Srivastava dołączyła do ASCI w lutym 2017 roku. Wcześniej pracował dla Bhaskakaracharya Institute for Space Applications and Geo-informatics (BISAG), Department of Science and Technology, Government of Gujarat jako Project Manager. Pracował również w National Innovation Foundation, Ahmedabad jako współpracownik naukowy. W BISAG jego zespół realizował wiele projektów dotyczących DST (Govt. of India), MPEDA, GSPC, NRSC, Govt. of Gujarat itp. Przygotował i zatwierdził wiele propozycji projektów. W celu utworzenia Instytutu został oddelegowany do Instytutu Badań Sejsmologicznych w Gandhinagar. Jego zespół opracował wiele programów użytkowych. Otrzymał nagrodę za najlepszy papier od ISRMTT (Indian Society of Rock Mechanics and Tunneling Technology). Był zaangażowany w rozwój kursu struktury / programu nauczania M. Tech. i PG Diploma Course in Geo-informatics. Był również zaangażowany w przygotowanie dokumentów wizjonerskich, podręczników ISO, raportu rocznego, planów rozwoju biznesu itp. Odegrał znaczącą rolę w prowadzeniu krótkich kursów/programów szkoleniowych itp. w BISAG. Zredagował książkę zatytułowaną "Emerging Trends in Open Source Geographic Information Systems" dla amerykańskiego wydawnictwa IGI Global, międzynarodowego wydawcy postępowych badań naukowych. Przejrzał wiele artykułów. Książka ta jest dostępna na stronie internetowej https://www.igi-global.com/book/emerging-trends-open-source-geographic/186194

Posiada bogate doświadczenie w takich dziedzinach jak geo-informatyka, zarządzanie zasobami naturalnymi, zarządzanie projektami, geologia inżynieryjna, badania geotechniczne, sejsmologia, oprogramowanie Open Source, Java, zarządzanie projektami, audyt ISO i ISMS itp. Opiekował się on wieloma studentami UG i PG w ich projektach i pracach dyplomowych. Ma na swoim koncie wiele publikacji krajowych i międzynarodowych. Naveenchandra N. Srivastava jest dostępna pod adresem naveen0504@yahoo.com.

Szczegóły innych publikacji od

Naveenchandra N. Srivastava:

Pojawiające się trendy w systemach informacji geograficznej typu Open Source

Edycja przez

Naveenchandra N. Srivastava

Centrum Energetyki, Środowiska, Zarządzania Przestrzenią Miejską i Rozwoju Infrastruktury

Administrative Staff College of India, Bella Vista, Hyderabad - 500082

Stan Telangana, Indie, poczta elektroniczna: naveen0504@yahoo.com

Książka ta jest dostępna na stronie internetowej

https://www.igi-global.com/book/emerging-trends-open-source-geographic/186194

Wydawca:

IGI Global

701 E. Chocolate Avenue

Hershey, Pensylwania 17033-1240, USA

Tel: 717-533-8845 wewn. 113; faks: 717-533-8661

E-mail: ctychinski@igi-global.com

Strona internetowa: www.igi-global.com

Zawartość

Farid Cheraghi

Uniwersytet Teherański, Wydział Teledetekcji i GIS, Iran, Islamska Republika Iranu.

5. Górnictwo danych przestrzennych, magazynowanie danych przestrzennych i OLAP przestrzenny

Amira M. Idrees

Wydział Komputerów i Informacji - Uniwersytet Fayoum, Egipt

6. Badanie wpływu typu DEM, rozdzielczości i hałasu na wydobywane parametry hydrogeomorfologiczne działek wodnych za pośrednictwem GIS.

Vahid Nourani

Uniwersytet w Tabriz, Iran, Islamska Republika Iranu

7. Mechanizmy wyszukiwania słów kluczowych w bazach danych geospołecznych

Priya M

Wyższa Szkoła Inżynierii i Technologii w Bharathiyar, Indie

8. Rola wolnego i otwartego źródła GIS w rzece Rejuvenation

Smart Kundassery

Cochin University of Science and Technology, Indie

9. Wykorzystanie kodów chmury, multimediów i QR w celu poprawy jakości wydruku map.

Harpinder Singh

Centrum Teledetekcji Punjab, Kampus P.A.U.

Ludhiana, Pendżab 141013, Indie

Streszczenie

Książka ta ma na celu zaprezentowanie nowych koncepcji, myśli, pomysłów i metod w tej dziedzinie. Prezentuje on zbiory informacji i odpowiednich rozdziałów dotyczących otwartego oprogramowania GIS, które jest obszarem podlegającym ciągłym zmianom. Ideą jest zachęcanie do korzystania z oprogramowania open source GIS jako podstawy różnych projektów przemysłowych badawczych w celu zapewnienia lepszych rozwiązań dla różnorodnych wyzwań, przed którymi stoi dziś społeczność geoprzestrzenna korzystająca z otwartego oprogramowania. Dziesięć rozdziałów tej książki ma na celu podsumowanie ostatnich postępów i zidentyfikowanie kluczowych kwestii badawczych dotyczących zastosowań i rozwoju narzędzi GIS typu open source. Zakres tej książki ma na celu zilustrowanie kluczowych kwestii i wyzwań związanych z otwartym oprogramowaniem GIS.

W rozdziale 1 autorzy przedstawiają przegląd danych geoprzestrzennych i operatorów dostarczanych za pośrednictwem sieci za pomocą rozproszonych i współdzielonych usług geodezyjnych. Badają one możliwość aktywnej interakcji poprzez systemy informacji geograficznej i usługi geodezyjne. Obecne oprogramowanie GIS zapewnia szybszą i łatwiejszą komunikację, a także promuje współpracę w ramach GeoWeb 2.0.

W rozdziale 2 autor analizuje kryteria oceny umożliwiające deweloperom, badaczom i użytkownikom GIS wybór odpowiedniego oprogramowania OGIS, które spełni ich wymagania w zakresie analizy i projektowania aplikacji geoprzestrzennych w dziedzinach multidyscyplinarnych. W niniejszym rozdziale podkreślono znaczenie kryteriów oceny, a następnie wyjaśniono poszczególne kryteria i ich znaczenie na przykładzie istniejącego oprogramowania OGIS.

W rozdziale 3 autorzy wprowadzają podstawowe koncepcje geoprzestrzenne wraz z dostępnymi i przystępnymi cenowo danymi i narzędziami wspierającymi nauczanie rozwoju geoprzestrzennego i umiejętności. Dodatkowo, wykorzystując trzy scenariusze, w rozdziale tym zbadano, w jaki sposób podstawowe aspekty mogą być stosowane w różnych środowiskach do celów edukacyjnych. Wreszcie, autorzy badają znaczenie koncepcji i umiejętności geoprzestrzennych w rozwoju zawodowym, a także w różnych społecznościach i na różnych kierunkach studiów.

W rozdziale 4 autor przyjmuje neutralne stanowisko, aby omówić relacje między Esri a wspólnotą open source. Rozdział obejmuje wiele aspektów Esri i oprogramowania open source, w tym R-bridge. Dodatkowo autor porusza dalsze tematy związane z oprogramowaniem open source, w tym serwery geoportalne i Geopackage, przedstawiając opisy i referencje do dalszych badań.

W rozdziale 5 autorzy skupiają się na danych przestrzennych i eksploracji danych przestrzennych, w tym na aspektach takich jak różne rodzaje danych, różne metody analizy, różne techniki górnicze i inne powiązane tematy. W rozdziale omówiono różne podejścia do analizy danych przestrzennych w odniesieniu do długości i szerokości geograficznej, a także inne atrybuty związane z opisem obiektów za pomocą różnych technik eksploracji danych.

W rozdziale 6 autorzy badają trzy obszary systemów informacji geograficznej w zarządzaniu zasobami wodnymi, w tym wpływ cyfrowego modelu wysokościowego i rozdzielczości na wydobywane parametry hydrogeomorfologiczne, wpływ metody odpływu falochronnego na wydobywane parametry hydrogeomorfologiczne oraz określenie optymalnej wielkości komórek w celu wydobycia atrybutów topograficznych z uwzględnieniem cech. W rozdziale tym omówiono rolę modelowania półrozproszonego w dostarczaniu informacji ilościowych i jakościowych w systemach wodnych.

W rozdziale 7 autorzy dokonują przeglądu różnych hybrydowych struktur indeksów i mechanizmów wyszukiwania w celu wyodrębnienia obiektów przestrzennych, różnych modeli rankingowych, które obsługują, oraz charakterystyki wydajności. W rozdziale tym zwrócono uwagę na techniki stosowane w systemach baz danych przestrzennych oraz nowe podejścia do wykorzystania możliwości geoprzestrzennych w celu poprawy jakości zapytań tekstowych.

W rozdziale 8 autorzy badają możliwości wynikające z integracji systemów bezpłatnej i otwartej informacji geograficznej oraz ich rolę w poprawie ekosystemów rzecznych. W rozdziale tym zwrócono uwagę na wykorzystanie systemów informacji geograficznej w dostarczaniu wyczerpujących informacji o wszystkich zasobach wodnych za pośrednictwem internetowych interfejsów geowizualnych.

W rozdziale 9 autorzy dokonują przeglądu metod zwiększania wartości drukowanych lub drukowanych map poprzez dodanie kodów QR z zawartością multimedialną umieszczoną na dołączonej do nich chmurze. Rozdział ten analizuje wykorzystanie kodów QR w tworzeniu zapasów, śledzeniu produktów i zarządzaniu dokumentami, ponieważ mogą one zapewnić większą pojemność pamięci masowej i większą czytelność.

Mam nadzieję, że czytelnicy znajdą interesujące rozdziały tej książki. Książka ta powinna służyć jako pomocne źródło informacji dla społeczności GIS.

Naveenchandra N. Srivastava (Hyderabad, stan Telangana, Indie)

Ta książka jest dostępna na stronie internetowej:

https://www.igi-global.com/book/emerging-trends-open-source-geographic/186194

FSC
www.fsc.org
MIX
Papier | Fördert gute Waldnutzung
FSC® C083411

Kolibri 360 GmbH
Ferdinand-Jühlke-Straße 7
99095 Erfurt, Deutschland
produktsicherheit@kolibri360.de

Druck:
CPI Druckdienstleistungen GmbH
im Auftrag der
Kolibri 360 GmbH
Ferdinand-Jühlke-Str. 7
99095 Erfurt